BEI GRIN MACHT SICH IHR WISSEN BEZAHLT

Bibliografische Information der Deutschen Nationalbibliothek:

Die Deutsche Bibliothek verzeichnet diese Publikation in der Deutschen National-bibliografie; detaillierte bibliografische Daten sind im Internet über http://dnb.d-nb.de/ abrufbar.

Impressum:

Copyright © 2015 GRIN Verlag, Open Publishing GmbH
Druck und Bindung: Books on Demand GmbH, Norderstedt Germany
ISBN: 9783668420144

Dieses Buch bei GRIN:

http://www.grin.com/de/e-book/355422/foerderung-von-kindern-mit-rechenschwae-che

Caritas Höppner

Förderung von Kindern mit Rechenschwäche

GRIN Verlag

GRIN - Your knowledge has value

Der GRIN Verlag publiziert seit 1998 wissenschaftliche Arbeiten von Studenten, Hochschullehrern und anderen Akademikern als eBook und gedrucktes Buch. Die Verlagswebsite www.grin.com ist die ideale Plattform zur Veröffentlichung von Hausarbeiten, Abschlussarbeiten, wissenschaftlichen Aufsätzen, Dissertationen und Fachbüchern.

Besuchen Sie uns im Internet:

http://www.grin.com/

http://www.facebook.com/grincom

http://www.twitter.com/grin_com

Förderung von Kindern mit Rechenschwäche

Inhalt

1 Vorstellung des Rahmens der Förderung

Einmal pro Woche kamen 3 Kinder zwischen 8 und 10 Jahre zu Lerngruppen zwischen 2 und 4 Kindern zusammen. Allen gemeinsam war die durch LehrerInnen oder besorgte Eltern gestellte oder vermutete Diagnose „Rechenschwäche". Das Förderprogramm erstreckte sich über ein Jahr und wurde durch ein Theorieseminar begleitet. Ziel der Förderung war zunächst das Beobachten der Schwierigkeiten der Kinder und die konkrete Unterstützung. Begleitend fand einmal pro Woche ein Theorieseminar statt, in dem aufgetretene Probleme besprochen und einzelne Fördermaterialien und –spiele betrachtet wurden. Diese Arbeit geht den Fragen nach, was Rechenschwäche meint, worin mögliche Ursachen begründet werden können und stellt konkrete Situationen mit einem Jungen in den Mittelpunkt. Anhand seiner Denkmuster kann sich der Leser in kindliche Vorstellung eindenken, diese nachvollziehen und nach Hilfestellungen für das einzelne Kind suchen.

1 Rechenschwäche

Die Diagnosen, die von Lehrkräften, möglicherweise Ärzten oder besorgten Eltern stammen, lauten „rechenschwach", „rechengestört", „Problemkind in Mathematik", „Schüler mit Dyskalkolie", „Mädchen mit Arithmatensie" oder ähnlichen Ausdrücke. Eine einheitliche Definition für „Rechenschwäche" gibt es nicht.[1] Spiegel und Selter benutzen neben einer allgemein verbreiteten Begriffserklärung „Rechenschwach ist, wer dauerhafte und umfangreiche Schwierigkeiten beim Rechnen hat"[2] auch selbst erarbeitete Merkmale. Sie sind der Auffassung, dass eine zu allgemeine Begriffserklärung willkürliche Grenzen zieht, sie sind sich aber auch bewusst, dass es schwer, wenn nicht sogar unmöglich ist, allgemeingültige Merkmale zu finden. Die fünf, von ihnen identifizierten Anzeichen, müssen nicht zusammen auftreten und zeigen nicht zwingend eine mathematische Schwäche an. Deshalb sollte man immer vorsichtig damit umgehen.

Zuerst nennen sie die **„Verfestigung des zählenden Rechnens"[3]**. Zu Kindergartenzeiten und zu Beginn der Schulzeit freuen sich Eltern, ErzieherInnen und LehrerInnen, wenn die Kinder an den Fingern abzählen, dann sollen sie das plötzlich nicht mehr machen. Es wird ihnen teilweise sogar verboten. Doch Kinder sind sehr kreativ und finden Möglichkeiten, zählend zu Rechnen ohne dass es den Erwachsenen auffällt. Dürfen sie dann nicht mehr die Finder benutzen, zählen sie beispielsweise durch leichtes Kopfnicken mit. Das konnten wir auch bei einem Jungen, den wir eine Zeit begleitet haben, beobachten. Ihnen ist oft nicht klar, warum sie etwas, das doch so gut klappt, einfach ablegen sollen. Selbst bei sehr großen Rechnungen nutzen sie diese Strategie. Michael Gaidoschick erklärt in seinem Buch „Rechenschwäche verstehen – Kinder gezielt fördern", wie man Kinder auf spannende und selbstentdeckende Weise auf ihrem Weg begleiten und ihnen Freude am geschickten Rechnen vermitteln kann.

Ein weiteres Anzeichen mathematischer Schwäche sind **„Unsicherheiten bei der Links-/Rechts-Unterscheidung"[4]**. Die Mathematik arbeitet viel mit Richtungen. Ein von uns betreuter Junge verwechselte immer wieder die Schreibweise des Zehners und des Einers. Er konnte ohne Probleme sagen, wie viele Zehner und wie viele eine Zahl hat, vertauschte beim Aufschreiben aber sehr häufig die Stellen.

---

[1] Spiegel, H. & Selter, C.: Kinder & Mathematik. Was Erwachsene wissen sollten. Kallmeyer. Seelze-Velber 2004. 87.f.
[2] Ebd.
[3] Ebd.
[4] Ebd.

Das dritte Merkmal, dass Spiegel und Selter identifizieren, sind **„Übersetzungsprobleme zwischen verschiedenen Darstellungen"**[5]. Andere Autoren nutzen den Begriff „Intermodalitätsprobleme". Den Kindern fällt es schwer, Beziehungen zwischen verschiedenen Darstellungen zu erkennen. Als Folge davon kann es passieren, dass die Kinder ausschließlich im symbolischen Zahlenbereich arbeiten wollen und jegliche Vorstellungen von Zahlen, Großen und Verhältnissen außer acht lassen. Das konnte ich bei fast allen der von uns begleiteten Kinder beobachten. Sie errechneten Ergebnisse und nutzten dafür nur Zahlen. Auch wenn das Ergebnis unrealistisch oder sogar unmöglich war, kamen sie nicht ins Zweifeln und hatten vermutlich keine Vorstellungen der Zahlgrößen und Zahlbeziehungen. Sie duldeten sogar widersprüchliche Ergebnisse nebeneinander. Eine Additionsaufgabe konnte ohne Probleme zwei oder noch mehr Lösungen haben. Andreas Kittel benutzt für diese Merkmalssammlung den Begriff „Mechanismus der Rechenverfahren"[6]. Darunter zählt er auch, dass die Kinder zum Beispiel bei Sachaufgaben willkürlich Operatoren benutzen und Zahlen miteinander in Beziehung setzen. Das konnte ich bei einem Jungen beobachten.

Zuletzt nennen die Autoren die Merkmale **„Auffassung von Mathematik als bedeutungsloses Regelwerk"**[7] und ein **„Geringes Selbstvertrauen"**[8] der Kinder. Viele Kinder rechnen wie bereits erwähnt nur mit Symbolen, die leer von eigentlichem Inhalt sind. Für sie ist es wichtig, genau die richtige Regel zu finden und zu nutzen, um zur Lösung der Aufgabe zu kommen. Findet das Kind die Lösung nicht, erlebt es häufig Misserfolge. Die Kinder beginnen dem eigenen Können und Wissen zu misstrauen und trauen sich selbst immer weniger zu.

Vor uns standen in der ersten Förderstunde zwei ängstlich schauende Schüler und ein Junge mit zusammengekniffenen Augen und verschränkten Armen. Auch bei späteren Treffen zeigte sich, dass die Kinder immer wieder Aussagen machten, wie „Ich bin total schlecht in Mathe.", „Das kann ich sowieso nicht." oder „Ich bin einfach schlecht/dumm."

All das sind Merkmale, die darauf hinweisen können, dass ein Kind Probleme im Fach Mathematik hat, ohne darauf zu zeigen, woher diese Probleme kommen. Das möchte ich im Folgeneden untersuchen, um Möglichkeiten aufzuzeigen, dem Kind zu helfen.

---

[5] Ebd.
[6] Kittel, A.: Rechenstörung. Merkmale, Diagnose und Hilfen. Westermann. Braunschweig 2011. 32.
[7] Spiegel, H. & Selter, C. 87 f.
[8] Ebd.

3 Mögliche Ursachen

Allgemeine Ursachen für eine Rechenschwäche auszumachen, ist nicht möglich. Es existieren keine Bedingungen, die zwangsläufig zu Schwierigkeiten der Kinder mit mathematischen Konzepten führen. Deshalb ist der Begriff „Risikofaktoren" besser gewählt. In der Fachliteratur gibt es Uneinigkeiten, welche diagnostischen Leitlinien bei einem Befund über eine sogenannte „Rechenschwäche" benutzt werden sollen. Schließt man Probleme, die aus einem nicht passenden Unterricht, auf neurologische Fehlleistungen der Kinder, Beeinträchtigungen in der Wahrnehmung und beispielsweise auf Sprachschwierigkeiten beruhen, aus, schränkt man sich in der Suche nach Ursachen für die Probleme eines Kindes stark ein. Dann wären Rechenschwierigkeiten zufällig da und hätten keine Wurzeln.

Ich glaube, dass Probleme in Mathematik aus einem langen Prozess heraus entstanden sind, den man aufhalten kann. Deshalb schaue ich zunächst auf einige „Risikofaktoren", die nach Aussagen von Spiegel und Selter zu einer Rechenschwäche führen können, aber nicht müssen.

Sie nennen zuerst **„Individuelle Risikofaktoren"**[9], die in dem Kind selbst begründet sind. Vielleicht hat das Kind Wahrnehmungsstörungen, Angst vor dem Fach oder dem Unterricht oder ein geringes Selbstbewusstsein, was die eigenen mathematischen Fähigkeiten angeht. Möglicherweise kann es sich nicht lange konzentrieren und Gehörtes oder Gesehenes schlecht abspeichern. Diese und viele andere Gründe können dazu führen, dass das Kind die Inhalte, die ihm in der Schule versucht werden zu vermitteln, nicht aufnehmen, verarbeiten und speichern kann. Darunter fallen biologische, soziale und psychische Komponenten.

Aber es ist zu einfach, die Ursachen für Schwierigkeiten nur bei dem Kind zu sehen. Jedes Kind bringt spezielle Voraussetzungen mit in die Schule. Die Aufgabe der Lehrkräfte, des Curriculums und des ganzen Unterrichtsmaterials sollte es sein, die Kinder abzuholen, wo sie sind und sich den Kindern anzupassen.

Die Autoren nennen diese Quelle für die Rechenschwäche des Kindes **„Didaktische Risikofaktoren"**[10]. Schule schreibt den Kindern oft vor, wie sie denken sollen und gaukeln vor, dass es nur ein Richtig gibt. Lehrkräfte haben zu wenig Geduld und Verständnis für die manches Mal ungewöhnlichen und vielleicht auch falschen Rechenwege ihrer SchülerInnen. Sie schenken ihnen wenig Wertschätzung. Es ist nicht möglich, dass alle Kinder in der gleichen Geschwindigkeit arbeiten, für einige ist die zugenutete Menge an neuen Stoff viel zu groß oder sie müssen zu früh und dann ausschließlich mit Abstraktionen arbeiten.

---

[9] Ebd. 92f.
[10] Ebd.

Zuletzt nennen Spiegel uns Selter die „**Familiären und sozialen Risikofaktoren**"[11]. Kinder müssen lernen, Vertrauen in sich und ihr Können zu haben. Sie brauchen Halt und Ermutigung von ihrem Umfeld. Einige Eltern behüten ihre Kinder über und versuchen sie vor allem zu schützen. Die Kinder können sich selbst nicht ausreichend ausprobieren. Andere Eltern vermitteln ihren Kindern früh sehr hohe Erwartungen und erzeugen bei ihren Kindern durch den ausgeübten Druck, Angst vor dem Versagen. Auch andere Probleme im familiären Umfeld, wie schwierige Lebenslagen, die das Kind belasten oder Vernachlässigung der Bedürfnisse des Kindes und keine Wahrnehmungen für Probleme, stellen Risikofaktoren für die Entwicklung mathematischer Konzepte des Kindes dar.

All diese Risikofaktoren können sehr ungünstig zusammenspielen und es dem Kind schwer machen, Mathematik als etwas Spannendes, Schönes und Bewältigbares zu erleben. Unsere Aufgabe als Lehrkraft muss es sein, das Kind aufzufangen, die persönlichen Voraussetzungen festzustellen und eine Passung zwischen dem Kind und der Schule zu ermöglichen.

Im Folgenden möchte ich untersuchen, wie man rechenschwache Kinder erfolgreich fördern und unterstützen kann.

---

[11] Ebd. 94.

4 Förderung

Allgemein ist es immer wichtig, die Kinder Erfolg erleben zu lassen. Andere wirklich allgemeine Förderungsrezepte aufzustellen, ist unmöglich. Jedes Kind hat eigene Voraussetzungen und Probleme. Deshalb werde ich genaue Situationen aus den Stunden der mathematischen Förderung vorstellen und einige gezielt analysieren. Dabei stelle ich verschiedene Situationen vor und versuche, die Schwierigkeiten des Kindes zu analysieren und mögliche Hilfestellungen herauszuarbeiten.

Da die, von uns zu betreuenden Kinder sehr unregelmäßig zu den Förderstunden kamen, kann ich leider kein kontinuierliches Tagebuch mit einzelnen Lernzuwachsen erstellen. Deshalb nutze ich für meine Analysen einzelne Situation mit ganz verschiedenen Kindern. Impulse auf die Schwierigkeiten der Kinder zu reagieren ziehe ich teilweise aus dem Fachbuch „Rechenschwäche verstehen – Kinder gezielt fördern"[12] von Michael Gaidoschik.

4.1 Situation: Vorgänger-Nachfolger

1) Beschreiben, was Vorgänger und Nachfolger sind

Ich stellte einem Viertklässler die Frage, was Vorgänger und Nachfolger sind. Er schreibt: „Das sind Zahlen, die nach einer bestimmten Zahl oder vorne." Er hat vermutlich die Zahlenfolge im Kopf und weiß, dass in einer Reihe von Zahlen, so wie beim Aufzählen, Vorgänger und Nachfolger durch die Reihenfolge bestimmt sind. Ich bin mir nicht sicher, ob er die Beziehung der Zahlen und ihre Zerlegung kennt. Leider habe ich diesen Aspekt in der Situation nicht weiter verfolgt.

Stattdessen fragte ich ihn nach einem Beispiel. Er konnte keines nennen. Ich sagte ihm, er könne auch etwas zeichnen. Er schreibt das Wort „Vorgänger" und malt es mit grünem Stift an. Mehr zeichnet er nicht. Der Auftrag, etwas zeichnen zu dürfen, ist sehr unpräzise. Das Kind kann diese Möglichkeit nicht nutzen, um zu beschreiben, was Vorgänger und Nachfolger sind. Ich hätte erwartet, dass er verdeutlicht, dass sich Vorgänger, die Ausgangszahl und ihr Nachfolger jeweils um eins unterscheiden. Es entstünde dann eine Art Treppe[13]. Um zu untersuchen, ob er die Zahlbeziehungen erkennt, versuche ich ihn dazu zu bringen, anhand von einem Material zu veranschaulichen, was er unter Vorgänger und Nachfolger einer Zahl versteht.

---

[12] Gaidoschik, M: Rechenschwäche verstehen – Kinder gezielt fördern. Ein Leitfaden für die Unterrichtspraxis. Persen Veralg. Buxtehude 2012.
[13] Vgl. Ebd. 35.

2) Vorgänger und Nachfolger anhand von Steckwürfeln zeigen (Beispiel 13)

Ich frage ihn, ob er mir an den Steckwürfeln, die vor ihm liegen, zeigen kann, was der Vorgänger und der Nachfolger der Zahl 13 sind. Das Kind steckt 13 Würfel übereinander, nimmt für den Vorgänger einen Sein weg und sagt: „Das ist der Vorgänger" und steckt dann wieder einen Stein darauf und sagt: „Das ist der Nachfolger". Also nahm er von der Zahl 13 einen Stein ab und landete bei 12, dann steckte er wieder einen dazu und kam zu 13.

Das Problem der Situation liegt möglicherweise in der Wahl des Materials. Die Zahl, von der das Kind ausgehen soll, wird hier verändert. Wäre sie statisch, könnte man immer wieder auf sie schauen. Das Kind arbeitet mit der Zahl und nimmt einen Würfel weg. Dieser Gedanke ist sehr gut. Ihm ist klar, das „Vorgänger" einer Zahl „eins wegnehmen" bedeutet. Die Zahl, auf die ich mich stütze, verschwindet damit aber. Man kann die Zahlen nicht im Vergleich sehen. Würde man alle drei Zahlen darstellen und beispielsweise mit Würfelstangen nebeneinander legen, ergibt sich eine Treppe, an der sehr gut das „eins mehr" und „eins weniger" zu sehen ist. Möglicherweise kann man drei Würfelstangen bilden und zur Mittleren sagen: „Das sind 13 Würfel, wie sehen der Vorgänger und der Nachfolger aus?" Dann kann das Kind von der „Vorgänger-Stange" einen Würfel wegnehmen und an der „Nachfolgerstange" einen Würfel dazugeben. Dabei entdeckt es vielleicht auch den ausgleichenden Prozess von Vorgänger und Nachfolger. Ungünstig an diesem Weg ist die starke Einschränkung des Kindes. Möglicherweise vermittelt man ihm, dass dieser Weg der Darstellung der einzig richtige ist.

3) Das Kind soll sich selbst eine Zahl wählen, an der es zeigt, was Vorgänger und Nachfolger ist.

Er wählt die Zahl 100. Er nimmt sich die Steckwürfel und legt 5 Stangen (mit 10 Würfeln pro Stange) nach links und 5 Stangen nach rechts. Von den rechten Stangen nimmt er einen Würfel weg und erklärt: „Hier habe ich 100 (zeigt auf die Würfel rechts) und hier 99 (zeigt auf die Würfel links). Ich fordere ihn auf noch man nachzuzählen. Er zählt: 10, 20, 30, 40, 50." Und stockt. Dann nimmt er die Stangen von links dazu, steckt den weggenommenen Würfel wieder an und sagt: „Jetzt habe ich 100." Als ich nachfrage, hat er die ursprüngliche Aufgabe vergessen.

Das ist aus meiner Sicht auch normal, weil es eine enorme Denkleistung gewesen ist, die Zahl zu strukturieren, den Fehler zu entdecken und das gesuchte Ergebnis daraus zu erstellen. Das bedeutet aber auch, dass Jonas sich stark auf eine Aufgabenstellung konzentrieren muss und möglicherweise bei komplexeren Aufgaben Schwierigkeiten hat. Vielleicht habe ich ihn unbewusst dazu aufgefordert, seine Zahlen zu strukturieren. Er nutzt die Bündelung von 10 Würfeln zu einer Stange. Interessant wäre es, zu fragen, warum er immer 10 zusammen nimmt. Hat er Einsicht in das Stellenwertsystem oder nutzt er eine erlernte, unhinterfragte Strategie? Er kann in Zehnerschritten ohne Probleme aufwärts zählen.

Die Aufgabenstellung ist ungünstig gewählt. Ich denke, um zu zeigen, dass der Vorgänger „eins weniger" und der Nachfolger „eins mehr" bedeutet, reicht die Darstellung in einem kleinen Zahlenraum. So große Zahlen zu legen ist sehr aufwendig.

4)

blau 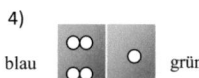 grün

Abgebildet ist ein besonderer Stein, blau steht für den Zehner, grün für den Einer. Der Junge soll die abgebildete Zahl aufschreiben. Er schreibt die Zahl 14. Ich frage ihn wie er darauf kommt. Er sagt, dass die Zahl vier Zehner und einen Einer hat. Auch bei weiteren Versuchen vertauscht er Zehner und Einer. Diese Punktedarstellung zu erkennen, fällt ihm sehr schwer. Als ich verschiedene Steine nebeneinander legte und ihn aufforderte, diese zu sortieren, kann er mithilfe der Punkte gut beschreiben, was der Vorgänger und was der Nachfolger sein muss (anhand der Punkte, die abgezogen oder ergänzt werden mussten).

Die Frage ist, ob dieses neu eingeführte Material für mehr Verwirrung sorgt. Einer und Zehner können nicht durch Größe und Form unterschieden werden, sondern nur mithilfe der Farbe. Das Kind scheint aber ein Verständnis zu haben, dass ein Punkt stellvertretend für mehrere Einzelteile stehen kann. Er sagt zumindest, dass es vier Zehner sind. Er vertauscht dann aber die Zehner- und Einerstelle. An dieser Stelle wäre es interessant zu untersuchen, ob das Kind Probleme mit dem Stellenwertsystem hat oder einfach nur die Positionen „vorn/links" und „hinten/rechts" vertauscht. Wenn es sich um den zweiten Fall handelt und das Kind verstanden hat, dass nur die Stelle, an der eine Ziffer steht, darüber entscheidet, ob es ein Zehner oder Einer ist und nur Schwierigkeiten hat, sich zu merken, welche Stelle für was steht, können einfache Orientierungspunkte, wie Stellentafel zur Hilfe genommen werden. Und es ist auch nicht mehr als eine Festlegung, die in anderen Kulturen anders aussieht. Kann es aber nicht die Zehner-Einer-Schreibweise verstehen, wird es beinahe unmöglich, mit Rechnungen bewusst umzugehen, ohne sich nur auf erlernte Algorithmen verlassen zu können. Hinter unserem Stellenwertsystem stecken verschiedene Prinzipien. Das „Bündelungsprinzip"[14] besagt, dass man zehn Einer immer zu einem Zehner, zehn Zehner zu einem Hunderter und so weiter bündeln kann. Das Kind braucht also nur zehn Zeichen, um alle beliebigen

---

[14] Ebd. 163.

Zahlen darzustellen. Nur an den Positionen der Ziffern kann es erkennen, welcher Wert hinter der Zahl steckt. Überprüfen, ob das Kind diese Zusammenhänge bereits verstanden hat, kann man indem man dem Kind beispielsweise verwirrende Fragen stellt. Gaidoschik beschreibt eine Situation, in der er Kindern 12 Würfel vorlegt und sie eine Zahl dafür finden müssen[15]. Als von den Kindern die Zahl 12 genannt wird, sagt der Lehrer: „So viele Würfel – aber man schreibt eine 1 und eine 2 hin. Komisch 1 + 2 ist zusammen doch nur 3. Das sind aber mehr als 3! Wie funktioniert das denn mit dem Aufschreiben?"[16] Der von uns betreute Junge hätte diese Frage vermutlich beantworten können. Leider haben wir ihn nicht weiter gefragt. Ich vermute, dass er Probleme mit der Konvention des Aufschreibens hat. Doch dafür kann immer wieder die Stellentabelle zur Hilfe gezogen werden oder ein Anhaltspunkt, wie ein Z auf dem linken Handrücken.[17]

4.2 Übungen am Rechenrahmen

1) Strukturierung am Rechenrahmen

Ich stelle einen Rechenrahmen vor Jonas und frage ihn nach der Anzahl der Kugeln. Ich möchte schauen, ob er die Struktur erkennt und Beziehungen zu unserem Stellenwertsystem entdeckt. Er zählt in 5er-Schritten (5, 10, 15, 20) und antwortet: „20". Er nutzt aber schon erworbene Strukturen zum Zählen (zuerst die 5, dann die 20, und auch die 10). Zum Abzählen tippt er teilweise die einzelnen Perlen oder Reihen an (zählt er zwei Reihen auf einmal, nimmt er den Daumen und Zeigefinger). Beschreibt er seine Handlungen, sind diese Beschreibungen meist kurz und umfassen oft nur das Ergebnis.

Die Kugeln am Rechenrahmen sind zweifarbig. Ein Rechenrahmen besteht aus zwanzig Kugeln, die auf zwei Reihen aufgefädelt sind. Die ersten fünf Kugeln einer Reihe sind rot, die weiteren fünf weiß. Er orientiert sich an dieser Einfärbung und fasst beim Zählen immer fünf zusammen. Ich erkläre ihm, dass er die Augen zumachen muss und gleich kurz gucken darf. Ich stelle zwei Rahmen (also 40 Kugeln) übereinander, er schaut kurz und ich ziehe die Rahmen nach ca. zwei Sekunden weg. Ich frage, wie viele Kugeln es jetzt waren. Er sagt: 15." Ich frage ihn, ob er nachzählen wolle. Er bejaht und zählt wieder in 5er-Schritten und antwortet: „40." Ich fragte ihn, warum er immer 5+5+5... zählt. Er sagt: „Weil immer 5 Kugeln rot und 5 weiß sind." Ich bin mir nicht sicher, wie er auf 15 kommt. Eigentlich hat er zuvor herausgefunden, dass bereits auf einem Rahmen 20 Kugeln sind. Für ihn war

---

[15] Vgl. Ebd 166f.
[16] Ebd.
[17] Vgl. Ebd. 171.

aber sicher klar, dass es eine Zahl der Fünferreihe sein muss. Ich frage ihn, wie viele Kugeln in einer Reihe sind. Er zählt alle einzeln und antwortet: „10." Er macht die Augen zu und ich stelle wieder zwei Rechenrahmen aufeinander. Er kann sie circa zwei Sekunden anschauen. Ich frage, wie viele Perlen zu sehen waren. J: „40." Als ich ihn frage, wie er darauf gekommen ist, zählt er: „20 plus 20." Er hat in der Zwischenzeit von selbst den gedanklichen Schritt gemacht, dass auf einem Rahmen 20 Perlen sind. Selbst wenn er sich das vorheriger Ergebnis der 40 Perlen auf zwei Rahmen gemerkt hat, beschreibt er ein Vorgehen, das nicht aus Fünfer-, sondern aus Zwanzigerschritten besteht.

2) Die Aufgabe 80 + 20

Jonas kann alle Ergebnisse der 20er-Reihe bis zur Aufgabe 80 + 20 fehlerfrei nennen. Er kann sagen, wie die Aufgabe lautet, die er im Kopf rechnen müsste.

Als ich ihn auffordere, die Augen zu schließen und 4 Rechenrahmen zeige, sagt er: „80." Ich frage ihn, was passiert, wenn ich noch einen Rechenrahmen dazu nehme. J: „ Das sind 82." Ich frage ihn, wie er darauf kommt. Er erklärt: „ich habe 80 und nehme 2 dazu. Das sind 82." Er vermischt die Vorstellungen von Zehnern und Einern. Das ist ein Problem, dass ich oben bereits angesprochen habe. Ich bin mir nicht sicher, ob er genau weiß, dass nur die Stelle einer Ziffer ihren Wert bestimmt. Vielleicht hat er gedanklich die Vorstellung von Kugeln und Stangen vermischt. Das entspricht den Zehnern und Einern. Ich hätte ihn noch einmal fragen können, für was die 8 in der 80 steht.

Ich nehme einen Rahmen darauf und frage ihn nochmal nach der Zahl. Jonas zählt in 10er-Schritten und sagt: „Das sind 100."

4.3 Situation: Ordnen einer großen Menge

Das Kind soll die Anzahl der Plättchen eines großen Haufens herausbekommen. Ohne nachzuzählen, antwortet er, dass es 30 seien. Möglicherweise hatte er in der Schule ähnliche Aufgabenformate mit der Anzahl 30 und überträgt das auf die Situation. Ich frage: „Wie bist du darauf gekommen?" Er sagt: „Ich sehe das." Ich frage ihn: „ Wie kannst du das überprüfen?" Er zählt die Plättchen einzeln ab und kommt auf das Ergebnis 61. Er benutzt zunächst keine andere Strategie als das einzelne Abzählen. Dann frage ich: „ Wie man das schneller sehen kann?" Er hat keine Idee. Ich dachte, dass er schon viel mit dem Bündeln gearbeitet hat und dieses System sucht. Ich versuche, eine kleinere Anzahl zu wählen und zu schauen, ob ihm daran das Prinzip des Bündelns deutlich wird. Ich bin rückblickend aber nicht sicher, ob das ein guter Weg war. Gaidoschik erklärt in seinem Praxishandbuch, dass „die Ökonomie der Bündelung von 10 Einern zu einer neuen Einheit"[18] für Kinder nicht ersichtlich ist, wenn das Bündeln schon nach einem Zehner beendet ist.

Für den beobachteten Jungen trifft das, denke ich, zu. Ich nehme 10 Plättchen weg und frage ihn, wie man hier die Anzahl schnell herausfinden kann. Er legt 5+5. Das ist sehr übersichtlich und richtig. Er strukturiert in eine Anzahl, die er schnell sehen kann. Bei großen Zahlen müsste er erst seine 5er-reihen zählen. Vielleicht hätten wir vergleichend Zahlen in seiner Darstellung und in der Stellenwertdarstellung konstruieren müssen, damit die Effektivität unseres Zahlensystems deutlich wird.

Ich fordere ihn auf, diese 5er-Reihe fortzusetzen, bei 55 (3 Plättchen liegen noch auf dem Tisch, die er noch nicht gezählt hat) unterbreche ich ihn und frage, ob es 61 Plättchen sein können. Er antwortet: „ Nein, wenn hier sind noch 3." Er kann sein vorher genanntes Ergebnis korrigieren und muss dazu nicht erst bis zum Ende abzählen. An dieser Stelle hätte ich ihn noch einmal fragen können, ob einzeln abzählen oder strukturieren besser ist und warum. Als alle Plättchen gelegt sind, zählt er 5+5+5 … sind 58. Ich frage weiter: „Ob man das noch schneller herausfinden kann." Er hat keine Idee. Für ihn gibt es wahrscheinlich gar kein Bedürfnis, dass Ergebnis anders herauszufinden.

---

[18] Vgl. Ebd. 164.

Ich frage den Jungen: „Wie viele Scheiben sind in einer Reihe?" Er zählt: „5+5+5 sind 60" Ich frage weiter: „ Wie kommst du darauf?" Er erklärt mir: „Es sind 10 Farben und in jeder sind 5 Scheiben". Aber auch mich diesem Verständnis muss er sich verzählt haben. Er weiß, dass es 10 Farben auf einer Reihe gibt und hätte auf 50 Scheiben kommen müssen.

Ich fordere ihn auf, zu zählen, wie viele Scheiben eine Farbe hat. Nachdem er gezählt hat, kommt er auf zehn Scheiben einer Farbe. Dann frage ich weiter, wie viele Scheiben in einer Reihe und insgesamt auf dem Rechenrahmen sind. Zuerst rechnet er: „10 + 10 +... sind 100". Dann zählt er weiter: „100 +100 +...sind 1000." Wir probieren zusammen, einige Zahlen am Zechenrahmen zu zeigen. Er hat ein paar Probleme damit, dass man die Zahlen immer nur auf die andere Seite schiebt und die somit ja noch da sind. Manchmal zählt er ein paar Zahlen von links und ein paar von rechts zusammen.

Wir schauen auf den Tisch, auf dem er Plättchen in den 5er-Reihen sortiert hat. Ich frage: „Wie haben wir vorhin sortiert?" Er sagt: „Immer in 5."

Ich schiebe 50 Scheiben von einer Reihe des Rechenrahmens zur Seite und frage, wie viele das waren? Er sagt: „ 50. 10+10+10+10+10." Ich frage, wie viele wir auf dem Tisch haben.

Der Junge zählt 5+5+5+ ... : „ Auch 50." Ich frage ihn, ob wir es schaffen, am Rechenrahmen auch in 5+5+5 ... zu sortieren. Er schafft das ohne Probleme und schiebt die 50 in 5er-Pakete. Der Transfer seiner eigenen Strukturierung in ein anderes Material fällt ihm in dieser Situation nicht schwer. Dann frage ich, ob wir unsere Plättchen auf dem Tisch auch in 10er-Packete sortieren können. Das fällt ihm schwerer, aber er schafft es und zählt noch einmal 10+10+10+10+10 sind 50. Jetzt hätte ich mit dem Jungen noch einmal über die verschiedenen Bündelungen sprechen und die Ökonomie ergründen müssen. Ansonsten bleibt der Sinn leer im Raum.

5 Ausblick

Die analysierten Situationen beziehen sich vor allem auf Schwierigkeiten im Begreifen und Arbeiten mit unserem Stellenwertsystem. Wenn Kinder damit umgehen können, stellen alle Zahlenräume bis 99 keine Probleme für sie dar. Wichtig ist, dass die begleiteten Kinder die Zahlen, deren mögliche Zusammensetzungen und Beziehungen erkennen und damit arbeiten können. Gaidoschik warnt in diesem Zusammenhang davor, den Kindern in der Schule künstliche Grenzen vorzugeben.[19] Nur so können sie die Prinzipien unseres Stellensystems erkennen und für sich gebrauchen lernen. Können sie dann sicher mit den Zahlen bis Zehn umgehen, kennen die Zerlegungen und Beziehungen, ist ihnen der ganze Zahlenraum offen wie eine geöffnete Tür in ein großen Land. In der Förderung hätte ich noch mehr darauf achten müssen, geeignetes Material und passende Aufgaben zu wählen, die zum Nachdenken und Überdenken von Strategien anregen. In der Lernpsychologie ist schon lange bekannt: „Kinder übernehmen Strategien nur dann dauerhaft, wenn sie diese Strategien selbst als für sich vorteilhat erkannt haben."[20] Und diese wirkliche Einsicht sollte das Ziel sein.

---

[19] Vgl. 164.
[20] Ebd. 175

Literatur

Born, A. & Oehler, C.: Kinder mich Rechenschwäche erfolgreich fördern. Ein Praxishandbuch für Eltern, Lehrer und Therapeuten. Kohlhammer. Stuttgart 2011.

Gaidoschik, M.: Rechenschwäche verstehen – Kinder gezielt fördern. Ein Leitfaden für die Unterrichtspraxis. Persen Veralg. Buxtehude 2012.

Kittel, A.: Rechenstörung. Merkmale, Diagnose und Hilfen. Westermann. Braunschweig 2011.

Spiegel, H. & Selter, C.: Kinder & Mathematik. Was Erwachsene wissen sollten. Kallmeyer. Seelze-Velber 2004.